Ammara Hassan

Suplemento de soro de leite à base de probióticos

Ammara Hassan

Suplemento de soro de leite à base de probióticos

Imprint

Any brand names and product names mentioned in this book are subject to trademark, brand or patent protection and are trademarks or registered trademarks of their respective holders. The use of brand names, product names, common names, trade names, product descriptions etc. even without a particular marking in this work is in no way to be construed to mean that such names may be regarded as unrestricted in respect of trademark and brand protection legislation and could thus be used by anyone.

Cover image: www.ingimage.com

This book is a translation from the original published under ISBN 978-620-2-00643-9.

Publisher:
Sciencia Scripts
is a trademark of
Dodo Books Indian Ocean Ltd. and OmniScriptum S.R.L publishing group

120 High Road, East Finchley, London, N2 9ED, United Kingdom
Str. Armeneasca 28/1, office 1, Chisinau MD-2012, Republic of Moldova, Europe
Printed at: see last page
ISBN: 978-620-7-63804-8

ÍNDICE DE CONTEÚDOS

DEDICAÇÃO

Dedico esta investigação à minha querida Mãe, que sacrifica as suas inclinações, que me deu entusiasmo e gosto eterno para fazer o meu próprio caminho na minha vida. Adaptação da análise de cultura-DGGE para isolamento e identificação de

bactérias probióticas e formação de suplemento probiótico para bebés com soro de leite

e IgG colostral

Ammara Hassan

Resumo

A separação da imunoglobulina G (IgG) das proteínas do soro de leite colostral foi efectuada por extração micelar inversa. O soro de leite colostral foi diluído até 5 vezes o seu volume original com tampão fosfato 50 *mM* a pH 6,35, contendo 100 mM *de* cloreto de sódio. A solução aquosa foi então misturada com um volume igual de isooctano contendo 50 *mM* de sulfosuccinato de bis-(2-etil-hexil) sódio (AOT) e agitada a 200 rpm e a 25°C durante 10 minutos. Após a extração, a mistura foi separada na fase aquosa e na fase micelar invertida por centrifugação. Este procedimento extraiu a maior parte das proteínas não IgG para a fase micelar invertida e recuperou mais de 90% da IgG na fase aquosa. A IgG na fase aquosa tinha uma pureza de 90%, e ainda possuía atividade imunológica.

A fim de obter produtos probióticos funcionais e seguros para consumo humano, é crucial um controlo de qualidade rápido e fiável destes produtos. Atualmente, a análise da maioria dos probióticos ainda se baseia em métodos dependentes da cultura, envolvendo a utilização de meios de isolamento específicos e a identificação de um número limitado de isolados, o que torna esta abordagem relativamente insensível, laboriosa e morosa. Neste estudo, uma coleção de 10 produtos probióticos, incluindo sete produtos lácteos, uma bebida de fruta e dois produtos liofilizados, foi submetida a uma análise microbiana utilizando uma abordagem independente da cultura, e os resultados foram comparados com os resultados de uma análise convencional dependente da cultura. A abordagem independente da cultura envolveu a extração de ADN bacteriano total diretamente do produto, a amplificação por PCR da região V3 do ADN ribossómico 16S e a separação dos amplicons num gel de gradiente desnaturante. A captura digital e o processamento dos padrões de bandas da eletroforese em gel de gradiente desnaturante (DGGE) permitiram a identificação direta dos amplicões ao nível da espécie. Esta abordagem independente da cultura pode ser realizada em menos de 30 h. Em comparação com a análise dependente da cultura, verificou-se que a abordagem DGGE tem uma sensibilidade muito mais elevada para a deteção de estirpes microbianas em produtos probióticos de uma forma rápida, fiável e reprodutível. Para produzir concentrado de soro de leite, o soro de leite é recolhido em Haleebfoods, Lahore.

No final, a imunoglobulina G isolada do soro de leite colostral, o concentrado de soro de leite em pó e os probióticos isolados são misturados na proporção de 1: 5: 1 e seguidos de embalagem esterilizada.

Agradecimentos

Todas as aclamações e agradecimentos são para **Deus Todo-Poderoso**, o Omnipotente, o Omnipresente, o Misericordioso, o Beneficente, que me abençoou com uma inteligência tão lúcida que me permitiu dedicar os meus serviços a este manuscrito e que me deu a oportunidade de acrescentar uma gota no vasto oceano do conhecimento.

Dr. Nawaz Chaudhry e ao Prof. Dr. Iftikhar Hussain Baloch, da Universidade do Punjab, cuja ajuda, sugestões estimulantes e encorajamento me ajudaram durante todo o tempo de investigação e na redação desta tese.

Quero agradecer a todo o pessoal da Faculdade de Ciências da Terra e do Ambiente e do Centro de Excelência de Biologia Molecular da Universidade do Punjab, em Lahore, por me terem dado autorização para começar esta tese em primeira instância, para efetuar o trabalho de investigação necessário. Tenho ainda de agradecer ao Conselho Paquistanês de Investigação Científica e Industrial de Lahore, que me incentivou a avançar com a minha tese. Estou ligado ao Sr. Javaid Iqbal (Diretor-Geral, PCSIR Labs. Complex Lahore), à Dra. Salma Rahman e ao Dr. Shahid Mahmood.

Os meus colegas dos laboratórios do PCSIR. Complex Lahore apoiaram-me no meu trabalho de investigação. Quero agradecer-lhes por toda a sua ajuda. Em especial, gostaria de agradecer à minha querida mãe, cuja paciência e amor me permitiram concluir este trabalho, e ao meu irmão mais novo, que analisou atentamente a versão final da tese no que respeita ao estilo e à gramática inglesa, corrigindo ambos e dando sugestões de melhoria.

Por último, apresento os meus cumprimentos e as minhas bênçãos a todos aqueles que me apoiaram de alguma forma durante a realização do projeto.

Que Alá os abençoe a todos (amin).

Capítulo 1

INTRODUÇÃO

1.1 Introdução geral

O colostro é a substância produzida pelas glândulas leiteiras dos mamíferos nas semanas que antecedem o parto e é a substância que os recém-nascidos tomam até ao início da produção efectiva de leite. O colostro é muito rico em células imunitárias (anticorpos), proteínas e enzimas. O colostro também pode conter várias quantidades de hormonas, como a insulina e o cortisol, que são muito úteis para o recém-nascido até que este comece a produzir as suas próprias hormonas (Playford et al. 2000).

O soro de leite é o soro obtido durante o fabrico do queijo após a separação da caseína e da gordura durante a coagulação do leite. Algumas fábricas de queijo rejeitam o soro de leite nos recursos hídricos, que podem ser propícios a processos de fermentação microbiana. Isto representa uma fonte de poluição para a natureza e para o ambiente humano. Devido a estes riscos que podem resultar da eliminação do soro de leite, alguns países adoptaram regulamentos para evitar a eliminação na água e no ambiente terrestre.

A elevada carência bioquímica de oxigénio (CBO) do soro de leite coloca um grande problema de eliminação e poluição a nível mundial para a indústria dos lacticínios, para o qual é urgentemente necessária uma solução eficaz e permanente. As tecnologias de tratamento biológico das águas residuais podem contribuir para a eliminação segura do soro de leite ou dos permeados de soro de leite dentro das especificações ambientais federais, mas apenas a um custo substancial. Uma alternativa é a utilização de soro de leite ou de permeados de soro de leite ricos em lactose e proteínas em processos em que os produtos vendáveis contribuem total ou parcialmente para os custos. A produção de proteínas de soro de leite por ultrafiltração, produtos de hidrólise da lactose e a utilização de soro de leite integral ou de permeado de soro de leite como matéria-prima para fermentação são opções possíveis. As culturas bacterianas probióticas destinam-se a ajudar a flora intestinal natural do organismo, uma ecologia de micróbios, a restabelecer-se. São por vezes recomendadas pelos médicos e, mais frequentemente, pelos nutricionistas, após um tratamento com antibióticos ou como parte do tratamento da candidíase intestinal.

O consumo de probióticos tem sido útil no tratamento de muitos tipos de diarreia, incluindo a diarreia associada a antibióticos em adultos, a diarreia dos viajantes e as doenças diarreicas em crianças pequenas. Este estudo foi realizado para utilizar o soro de leite no fabrico de um suplemento antidiarreico para lactentes com a adição de imunoglobulina-G, extraída do soro de leite colostral e probióticos isolados de diferentes produtos lácteos. As estirpes de probióticos são identificadas utilizando técnicas dependentes e independentes da cultura.

1.2 Metas/ Objectivos

Seguem-se as finalidades/objectivos para a realização de toda esta investigação;

- Reduzir os efluentes das indústrias de lacticínios e utilizar o soro de leite nutritivo de uma forma adequada e útil.
- Extração de imunoglobulina-G do soro de leite colostral utilizando a extração micelar invertida.
- Isolamento e identificação de estirpes probióticas utilizando técnicas dependentes e independentes da cultura.
- Preparação de um suplemento anti-diarreico para lactentes com uma combinação de soro de leite, imunoglobulina G e estirpes probióticas isoladas.

1.3 Revisão da literatura

Uma vez que o leite dos animais era utilizado como alimento desde os tempos pré-históricos, não é possível descrever com exatidão quando é que o homem se apercebeu pela primeira vez do facto de o leite conter mais do que uma substância (Eckles et al. 1951).

Os recém-nascidos também precisam de grandes quantidades de proteínas, uma vez que estão a crescer a um ritmo muito elevado. De facto, os bebés humanos duplicam o seu peso corporal em apenas 6 meses. Para além disso, as proteínas são também uma forma de energia mais adequada para um recém-nascido, porque melhoram o seu metabolismo sem causar elevações ou flutuações dramáticas nos níveis de açúcar no sangue. Também demora mais tempo a digerir, proporcionando uma fonte de energia a mais longo prazo. Os recém-nascidos também precisam de enzimas para os ajudar a digerir os novos alimentos que vão receber da mãe. No útero, a criança recebe todos os nutrientes do sangue através do cordão umbilical. Depois de nascer, o sistema digestivo é novo e não tem capacidade para digerir proteínas, moléculas de açúcar maiores, bem como para proteger as células do aparelho digestivo (Johnson et al. 1974).

Tanto o colostro como o leite que se segue consistem essencialmente numa emulsão de gordura butírica numa fase aquosa contínua, na qual se encontram a lactose e uma suspensão coloidal de caseína, estabilizada maioritariamente por albumina e globulina. Sais inorgânicos, alguns em soluções e outros em associação coloidal com a caseína, por exemplo, fosfato de cálcio e magnésio, juntamente com citratos e outras constituições menores (Harper et al.1976).

A toma de um suplemento de colostro pode estimular o sistema imunitário, ajudar a reduzir a gordura corporal e a construir massa muscular magra. Também pode acelerar a recuperação de lesões, aumentar a vitalidade e a resistência. Alguns acreditam que o colostro é o melhor suplemento anti-envelhecimento e imunitário. Funciona para reduzir os níveis de hormonas que danificam o sistema imunitário e causam o envelhecimento. O colostro contém níveis elevados de proteínas e é rico em imunoglobulinas, que fornecem factores de crescimento e imunitários essenciais e podem prevenir infecções. Existem muitos componentes principais do colostro, tais como imunoglobulinas, lactoferrina, polipeptídeo rico em prolina (PRP), hormona de crescimento, leucócitos, enzimas, citocinas, linfocinas, vitaminas, glicoproteínas e enxofre.

Muitos estudos, mas não todos, concluíram que o colostro hiperimune pode ajudar a prevenir ou tratar várias formas de diarreia infecciosa (Greenberg et al.1996Plettenberg et al. 1993; Okhuysen et al. 1998; Tacket et al. 1992; Casswall et al. 1998; Ylitalo et al. 1998; Ebina et al. 1992; Tacket et al. 1988; Sarker et al. 1998; Okhuysen et al. 1998; Mitra et al. 1995; Freedman et al. 1998; Casswall et al. 2000 e Tawfeek et al. 2003).

O colostro também se tem mostrado promissor como suplemento desportivo, presumivelmente porque contém factores de crescimento, mas os resultados dos estudos são inconsistentes (Antonio et al. 2001; Buckley et al. 2002; Hofman et al. 2002). Durante anos, as pessoas com úlceras foram aconselhadas a adotar uma dieta sem glúten e a beber muito leite. Embora este tratamento tenha acabado por se revelar ineficaz, de acordo com um estudo em ratos e um pequeno ensaio em humanos (Playford et al. 1999 e Macdonald et al. 1998), o colostro normal (embora não o leite) pode ajudar a proteger o estômago dos danos causados pelos medicamentos anti-inflamatórios. Foi levantada a hipótese de que os factores de crescimento do colostro ajudam a estimular a regeneração do estômago.

O colostro normal foi sugerido como tratamento para a síndrome do intestino curto (uma condição após uma cirurgia do aparelho digestivo), úlceras bucais induzidas por quimioterapia e doença inflamatória intestinal (doença de Crohn e colite ulcerosa), mas até agora não há provas reais de que seja eficaz (Khan et al. (2002).

Um estudo citado por alguns fabricantes de colostro que mostra que o colostro pode prevenir ou tratar infecções respiratórias superiores (como constipações) era, na verdade, demasiado preliminar para fazer mais do que sugerir benefícios (Brinkworth et al. 2003). Um estudo adequado, em dupla ocultação e controlado por placebo, realizado com 148 adultos, não conseguiu concluir que o colostro fosse útil para encurtar a duração da dor de garganta (Lindbaek et al. 2004).

O colostro e o leite do início do pós-parto contêm um elevado nível de imunoglobulina (predominantemente IgG). Estudos demonstraram que a preparação de imunoglobulina concentrada a partir do colostro contendo altos títulos de anticorpos antibacterianos oferece benefícios clínicos no combate a algumas infecções bacterianas (Stephan et al. 1991). Estes estudos deveriam encorajar o desenvolvimento de alimentos lácteos comercializáveis contendo imunoglobulina. No entanto, a indústria deve estar ciente da necessidade contínua de monitorizar a segurança dos produtos de origem bovina e deve também ser sensível às considerações éticas dos consumidores quando promove produtos derivados de vacas hiperimunizadas (Richmond et al. 1942).

O soro de leite é o soro obtido durante o fabrico do queijo após a separação da caseína e da gordura durante a coagulação do leite. É um líquido translúcido esverdeado, visto até há pouco tempo como uma das principais eliminações problemáticas na indústria dos lacticínios. Geralmente, o ácido cítrico e, por vezes, o coalho e poucas vezes a lactase são utilizados para a coagulação. O soro de leite contém uma vasta gama de proteínas biologicamente activas, ou seja, cerca de 60 enzimas indígenas, proteínas de ligação a vitaminas, proteínas de ligação a metais, imunoglobulinas e vários factores de crescimento e hormonas (IDF 1991). O soro de leite está a ser apresentado como um alimento funcional com uma série de benefícios para a saúde. As proteínas do soro de leite, nomeadamente a lactoferrina, a beta-lactoglobulina, a alfa-lactoalbumina, o glicomacropeptídeo e as imunoglobulinas, demonstram uma grande variedade de propriedades imunitárias. Além disso, o soro de leite apresenta benefícios no domínio do desempenho e da melhoria do exercício físico (Marshall 2004).

Recentemente, o isolamento de proteínas individuais do soro de leite ganhou uma atenção considerável devido ao conhecimento para adaptar as proteínas do soro de leite às necessidades dietéticas. Além disso, tem sido dada muita atenção às proteínas menores do soro de leite, uma vez que são difíceis de recuperar. A revelação da importância destes componentes menores aumentou a procura para os preparar numa forma altamente purificada e em grande quantidade. A imunoglobulina e a lactoferrina são os dois principais componentes das proteínas do soro de leite com actividades antimicrobianas comprovadas (Reiter, 1978; Ekstrand, 1989). O colostro bovino é frequentemente utilizado como fonte de imunoglobulina, uma vez que contém 50 mg mL-1 de Igs, enquanto o leite tem apenas 0,6 mg mL-1. Cerca de 80 % das Igs no leite ou no colostro são da classe IgG (Jenness 1988).

Há muito que se reconhece que o leite materno pode oferecer proteção passiva a um recém-nascido contra agentes patogénicos entéricos, principalmente através da transferência de imunoglobulina e factores associados da mãe para o bebé. O conceito histórico de "leite imune", ou seja, a transferência de imunidade passiva através de anticorpos lácteos, remonta à década de 1950 (Campbell & Petersen 1963; Lascelles 1963). Os mecanismos subjacentes à imunidade passiva, no entanto, só foram reconhecidos no início dos anos 60, quando a estrutura química da imunoglobulina (Igs) foi elucidada. Em particular, a identificação do sistema imunitário da mucosa ou da secretária nos anos 70 proporcionou uma nova perspetiva sobre o papel dos anticorpos da secretária na prevenção ou no tratamento de infecções entéricas em mamíferos (Lamm et al. 1978).

O desenvolvimento de anticorpos homólogos (derivados de humanos) para um tratamento eficaz de agentes patogénicos entéricos recebeu, subsequentemente, uma atenção comercial consideravelmente menor do que a utilização de anticorpos do leite de espécies heterogéneas, particularmente de ruminantes. Desde os anos 80, um número crescente de estudos tem demonstrado que as preparações de leite imune, baseadas em anticorpos bovinos derivados do leite ou do colostro de vacas imunizadas, podem ser eficazes na prevenção ou no tratamento de doenças humanas e animais causadas por micróbios enteropatogénicos (Reddy et al. 1988; Goldman, 1989; Boesman-Finkelstein & Finkelstein, 1991; Facon et al. 1993; Hammarstrom et al. 1994; Ruiz, 1994; Bogstedt et al. 1996; Davidson 1996; Korhonen 1998; Weiner et al. 1999).

A eficácia dos produtos lácteos imunes de origem bovina baseia-se principalmente na atividade antimicrobiana dos anticorpos específicos e dos factores do complemento presentes na preparação. De acordo com a Organização das Nações Unidas para a Alimentação e a Agricultura, um probiótico é um microrganismo vivo que, quando administrado em quantidades adequadas, confere um benefício para a saúde do hospedeiro. Devido ao crescente interesse pela saúde durante a última década, registou-se uma expansão proporcional do mercado de produtos probióticos (Stanton et al. 2001). Embora os probióticos fossem originalmente baseados em produtos lácteos fermentados, atualmente numerosos suplementos alimentares probióticos estão também disponíveis comercialmente sob a forma de comprimidos, pós ou cápsulas. A introdução no mercado de um produto probiótico funcional, seguro e corretamente rotulado requer uma monitorização cuidadosa de todo o processo de produção (Saarela et al. 2000).

Nas últimas décadas, a utilização de bactérias probióticas ganhou uma atenção considerável como uma forma segura e acessível de tratamento de doenças gastrointestinais (Isolauri et al. 1994 & Bibiloni et al. 2005). As bactérias que têm sido utilizadas para intervir na diarreia de origem viral ou bacteriana pertencem ao género *Lactobacillus* ou *Bifidobacterium* (Allen et al. 2004). Foi sugerido que a capacidade terapêutica de certas bactérias probióticas contra a gastroenterite por rotavírus se deve à sua capacidade de estabilizar e reforçar a barreira mucosa (Schiffrin et al. 2002), à produção de substâncias antimicrobianas (Ganzle et al. 2000) e à estimulação das respostas imunitárias locais específicas e não específicas dos antigénios (Kaila et al. 1995 & Schiffrin et al. 2002).

Foram também observadas diferenças significativas no que diz respeito à eficácia e ao modo de ação das diferentes estirpes. As bactérias do ácido lático (LAB) são o tipo mais comum de micróbios utilizados. As BAL têm sido utilizadas na indústria alimentar há muitos anos, porque são capazes de converter açúcares (incluindo a lactose) e outros hidratos de carbono em ácido lático. Este não só proporciona o sabor azedo caraterístico dos alimentos lácteos fermentados, como o iogurte, mas também, ao baixar o pH, pode criar menos oportunidades para o crescimento de organismos de deterioração, criando assim possíveis benefícios para a saúde ao prevenir infecções gastrointestinais (Nichols et al. 2007). As estirpes dos géneros *Lactobacillus* e *Bifidobacterium* são as bactérias probióticas mais utilizadas (Tannock 2005 & Ljungh e

Wadstrom 2009).

Os microrganismos probióticos são definidos como "suplementos alimentares microbianos vivos que afectam de forma benéfica o animal hospedeiro, melhorando o seu equilíbrio microbiano intestinal" (Sarker et al. 1998). Nos seres humanos, os organismos do género *Lactobacillus* são mais frequentemente utilizados como probióticos, quer como espécies individuais quer em culturas mistas com outras bactérias. As bactérias probióticas que funcionam bem no nosso organismo podem diminuir em número, o que permite o desenvolvimento de concorrentes nocivos, em detrimento da nossa saúde. Afirma-se que os probióticos fortalecem o sistema imunitário para combater alergias, consumo excessivo de álcool, stress, exposição a substâncias tóxicas e outras doenças (Nichols et al. 2007 & Sanders et al. 2000).

O consumo de probióticos tem sido útil no tratamento de muitos tipos de diarreia, incluindo a diarreia associada a antibióticos em adultos, a diarreia dos viajantes e as doenças diarreicas em crianças pequenas causadas por rotavírus (Schiffrin et al. 2002 & Svensson et al. 1991).

Os probióticos podem exercer um efeito benéfico na reação alérgica e na intolerância à lactose, tendo-lhes sido atribuídos outros efeitos, como o aumento da biodisponibilidade dos nutrientes, a diminuição das concentrações de colesterol no soro e a melhoria da saúde urogenital. Os probióticos, como os lactobacilos e as bifidobactérias presentes em alimentos lácteos fermentados ou com culturas, podem desempenhar um papel na redução do risco de cancro do cólon (Zimmerman et al. 2001).

Outra propriedade atribuída aos probióticos é a modulação da resposta imunitária do hospedeiro. Alguns dos seus efeitos foram atribuídos a um aumento da resposta imunitária inata e outros a um aumento da resposta imunitária adquirida; no entanto, os mecanismos através dos quais estes LAB probióticos, administrados por via oral, influenciam o sistema imunitário intestinal e produzem efeitos imunoestimuladores são ainda desconhecidos.

As propriedades imunológicas das bactérias probióticas têm sido alvo de estudos que demonstraram que certas BAL, tais como *Lactobacillus casei, Lactobacillus rhamnosus* e *Lactobacillus plantarum,* melhoram a imunidade sistémica e da mucosa. Os alimentos que contêm bactérias probióticas são capazes de estimular a resposta imunitária da imunoglobulina A (IgA) (Boshuizen et al. 2003). Estudos in vitro demonstraram que várias estirpes de BAL promovem a capacidade imunopotenciadora das células do sistema imunitário inato, incluindo os macrófagos (Hilpert et al. 1987).

O presente estudo foi efectuado para utilizar o soro de

leite no fabrico de um suplemento antidiarreico para lactentes com a adição de imunoglobulina-G, extraída do soro de leite colostral, e de estirpes probióticas isoladas de diferentes produtos comerciais utilizando técnicas dependentes e independentes da cultura.

Capítulo 2

MATERIAIS E MÉTODOS

2.1 Materiais

A imunoglobulina G, a-lactalbumina, ^-lactoglobulina, lactoferrina, BSA, IgG monoclonal anti-bovina (não conjugada de ratinho), poliacrilamida, Coomassie brilliant blue R-250, fosfatos mono, di e tri-sódicos e Tris-HCl foram adquiridos à Sigma Chemical Co. O isooctano (2,2,4,trimetilpentano) e o tensioativo aniónico bis(2-etil-hexil) sulfosuccinato de sódio (AOT) foram adquiridos à Fluka Chemicals. Soro de leite doce, membrana de óxido de zirocónio para ultrafiltração, meio de ágar De Man- Rogosa-Sharpe (MRSA) M17 (Oxoid), base de ágar esculina-azida de canamicina (Oxoid), meio de frans-galactooligossacarídeo (10 g de caldo de soja tripticase (Becton Dickinson, Sparks, Md.), 1 g de extrato de levedura (Oxoid), 3 g de KH2PO4 (Vel, Leuven, Bélgica), 4.8 g de K2HPO4 (Vel), 3 g de (NH4)2SO4 (Merck, Darmstadt, Alemanha), 0,2 g de MgSO4 - 7H2O (Vel), 0,5 g de cloridrato de L-cisteína (Sigma, Bornem, Bélgica), 15 g de propionato de sódio (Sigma), 10 g de frans-galactooligossacáridos (Honsha, Tóquio, Japão) e 15 g de ágar (Oxoid), solução fisiológica de peptona (PPS).

2.2 Colheita de amostras de colostro

O colostro bovino, obtido de um conjunto de diferentes vacas criadas numa exploração leiteira local, foi centrifugado a 4000 *g a 4°C para remover a gordura. O soro de leite colostral foi então preparado adicionando 1 N HCl ao leite desnatado para ajustar o pH a 4,6 a 30°C, e centrifugado a 10.000x g durante 15 min para remover o precipitado de caseína.

2.3 Extração Micelar Invertida

As experiências de transferência de fase foram efectuadas em frascos de 20 ml hermeticamente fechados. Para o estudo do sistema modelo, 5 ml de solução de proteína padrão em tampões de fosfato de vários pH contendo (1 mg cada) IgG, BSA, lactoferrina, a-lactoalbumina e ^-lactoglobulina, foram misturados com um volume igual de solução micelar de AOT 50 mM em isooctano. Para o sistema real, foram preparados 5 ml de soluções aquosas através da adição de várias quantidades de soro de leite colostral (5,0 ml) a tampão de fosfato de sódio 50 mM com vários pH (7,0) e contendo NaCl. As soluções aquosas foram misturadas com 5 ml de soluções de isooctano contendo 50 mM de AOT. As misturas foram agitadas a 200 rpm durante 10 minutos à temperatura ambiente e as duas fases foram separadas por centrifugação a 500xg durante 30 minutos. A recuperação da proteína de soro de leite na fase micelar invertida (fase orgânica) ou na fase aquosa após a extração foi calculada como a razão entre a concentração de proteína na fase micelar invertida ou na fase aquosa após a extração e a concentração inicial de proteína na fase aquosa antes da extração. A pureza da imunoglobulina G na fase aquosa após a extração foi a razão entre a concentração de IgG e a concentração total de proteínas na fase aquosa.

2.4 Analítico

A SDS-PAGE foi efectuada de acordo com os métodos de Laemlli (1970) após modificação. O gel de empilhamento foi de poliacrilamida a 4,5% em tampão Tris-HCl 0,125 M a pH 6,8. O gel de separação era constituído por 12,5% de poliacrilamida. As amostras foram preparadas em tampão Tris 0,0625 M a pH 6,8, contendo 1% de SDS e 2,5% de $/3$-mercaptoetanol, e aquecidas a 100°C durante 2 minutos. A coloração foi efectuada com Coomassie brilliant blue R-250. As bandas de proteínas foram analisadas através da leitura do gel com um densitómetro (modelo SLR-ID/2D, Biomed Instruments Inc., Fullerton, CA) e as concentrações de proteínas foram determinadas utilizando uma curva de calibração obtida através da passagem de soluções de proteínas padrão por SDS-PAGE e da leitura com o densitómetro. O teor de azoto total na fase aquosa foi analisado pelo procedimento Kjeldahl, tendo sido utilizado um fator de 6,38 para estimar a concentração de proteínas totais

(AOAC, 1984). O teor de água da fase micelar invertida foi determinado com um titulador de humidade Karl-Fischer. O extrato foi separado numa coluna Spheri-5 RP-8 de 5 *pm, 220*[x] 4,6 mm (Perkin Elmer Co., Wellesley, MA) a 30°C, e eluído a 1 ml/min com metanol/água desionizada (78:22, vol/vol) contendo 2 *mM de* brometo de tetrabutilamónio. Foi injectada no sistema uma alíquota de 20 *Jl*, que foi analisada com um detetor RI a 40°C.

2.5 Ensaio de atividade

A difusão em gel duplo foi efectuada numa lâmina de vidro. A lâmina foi pré-revestida com agarose a 0,5% e sobreposta com agarose a 2% em tampão barbitona 0,015 *M*, pH 8,2. O poço central foi preenchido com 3 *Jl* de IgG antibovina e os poços periféricos foram preenchidos com a fase aquosa após extração micelar invertida. A reação de precipitação foi precedida a 37°C durante 12 h.

2.6 Amostras de soro de leite

O soro de leite doce foi recolhido em Haleebfoods Pvt Limited, Lahore, durante o período de julho de 2008 a outubro de 2008. O soro de leite foi transferido para o laboratório de lacticínios, Conselho Paquistanês de Investigação Científica e Industrial, Lahore, para preparar concentrado proteico de soro de leite utilizando a técnica de ultrafiltração (UF) e para analisar a sua composição bruta. A gordura foi removida do soro de leite por um separador de natas e depois ultrafiltrada.

2.7 **Preparação de concentrados de proteínas de soro de leite (WPC)**

A ultrafiltração (UF) do soro de queijo foi efectuada utilizando uma instalação piloto de carbosep, equipada com uma membrana de óxido de zirocónio (Mol. Cut off 50000 Daltons). A UF foi efectuada em modo descontínuo a 45-50°C e pH 7, pressão de entrada e saída de 6 e 4 bar, respetivamente. A UF foi continuada até ao fator de concentração 20. As amostras de WPC foram embaladas em sacos de plástico e mantidas congeladas a -20 °C até à sua utilização. O WPC congelado foi descongelado a 2-4 °C durante a noite antes de ser utilizado.

As amostras de WPC foram desengorduradas por centrifugação a 4000 rpm durante 30 min e, em seguida, o pH foi ajustado para 4,6 utilizando uma solução de HCl 1N e centrifugadas a 6000 rpm durante 15 min para remover as partículas de queijo precipitadas.

2.8 **Determinação da composição bruta do soro de leite**

As amostras de WPC foram analisadas quanto a sólidos totais pelo método de secagem em estufa a 105°C durante 3 h, teores de gordura e cinzas conforme descrito pela AOAC (1990). O azoto total foi determinado pelo método kejldhal (Ling, 1963). O teor de lactose foi determinado por calorimetria, conforme descrito por Barnett e Abd El-Tawab (1957). Para cada amostra foi efectuada a média de três réplicas.

2.9 **Estirpes bacterianas (probióticos)**

Neste estudo, foram recolhidos dez produtos probióticos disponíveis no mercado, incluindo dois produtos liofilizados, sete produtos lácteos e uma bebida de fruta. Todos os produtos foram examinados utilizando um conjunto de quatro meios de isolamento em condições de cultivo normalizadas. Para o isolamento de estirpes de *Lactobacillus* e *Lactococcus*, foi utilizado o ágar De Man-Rogosa-Sharpe (MRSA), enquanto os estreptococos e os enterococos foram isolados em meio M17 e em ágar base de esculina-azida de canamicina, respetivamente. Para o isolamento de bifidobactérias, foi utilizado o meio transgalactooligossacarídeo; este meio continha 10 g de caldo de soja tripticase, 1 g de extrato de levedura, 3 g de KH2PO4, 4,8 g de K2HPO4, 3 g de (NH4)2SO4, 0.2 g de MgSO4 - 7H2O, 0,5 g de cloridrato de L-cisteína, 15 g de propionato de sódio, 10 g de trans-galactooligossacarídeos e 15 g de ágar dissolvidos em 1.000 ml de água destilada. A identificação dos isolados foi efectuada utilizando a separação SDS-PAGE das proteínas celulares extraídas, tal como descrito anteriormente (Temmerman et al., 2003). A fim de verificar a fiabilidade do protocolo de extração de ADN para produtos probióticos e verificar o potencial de identificação da DGGE, foram feitas suspensões celulares de estirpes tipo para simular as composições de espécies dos produtos. Estas suspensões celulares foram preparadas colhendo meia ansa de células com uma ansa de ferro esterilizada de uma cultura pura recentemente cultivada em MRSA e suspendendo homogeneamente as células em 10 ml de solução fisiológica de peptona (PPS).

2.10 Extração de ADN

O método utilizado para a extração do ADN bacteriano total baseou-se no método descrito por Pitcher e colaboradores (1989), com ligeiras modificações em função do tipo de material de partida. No caso dos produtos lácteos, 1 ml do produto foi centrifugado durante 10 minutos a 13 000 rpm numa centrifugadora 5804R (Eppendorf, Hamburgo, Alemanha); em seguida, o sobrenadante foi removido e o pellet foi ressuspendido em 1 ml de tampão Tris-EDTA (TE). Devido ao elevado teor de fruta na bebida de fruta, 50 ml da bebida foram centrifugados durante 2 min a 1.000 rpm, após o que se retirou 1 ml do líquido superior e se centrifugou durante 10 min a 13.000 rpm. Após a remoção do sobrenadante, o sedimento restante foi dissolvido em 1 ml de tampão TE. No caso dos produtos de tipo cápsula, o conteúdo de uma cápsula, correspondente a aproximadamente 100 mg, foi dissolvido em 10 ml de PPS estéril e agitado suavemente até se obter uma suspensão homogénea. Transferiu-se um ml desta suspensão para um tubo Eppendorf e centrifugou-se durante 10 minutos a 13 000 rpm, após o que se retirou o sobrenadante e se suspendeu o sedimento restante em 1 ml de tampão TE durante uma noite, após o que se procedeu a uma etapa de digestão do ARN, adicionando 35pl de uma solução de RNase (10 mg de RNase em 1 ml de água Milli-Q. Por fim, 8pl da solução de ADN foram misturados com 2pl de corante de carga (4 g de sacarose e 2,5 mg de azul de bromofenol dissolvidos em 6 ml de tampão TE) e electroforizados num gel de agarose a 1% (p/pv) em 1pL de tampão TAE durante 30 min a 100 V para verificar a extração de ADN. A qualidade das amostras de ADN foi verificada por medições espectrofotométricas a 260, 280 e 234 nm.

2.11 Reação em cadeia da polimerase

A reação em cadeia da polimerase (PCR) foi realizada com um kit de polimerase *Taq* (Applied Biosystems, Foster City, Califórnia). Os iniciadores utilizados neste estudo foram os descritos por Muyzer et al. (1993), que amplificam a região V3 do rDNA 16S bacteriano. Forward primer F357-GC contained a GC clamp (5'-CGCCCGCCGCGCGCGGCGGGCGGGGCGGGGGCACGG GGG-3') and had the following sequence: 5'-GC clamp-TACGGGGAGGCAGCAG-3'. O iniciador inverso 518R tinha a seguinte sequência: 5'-ATTACCGCGGCTGCTGG-3'. As misturas PCR (50pl) continham 6 pl de tampão PCR 10pl contendo 15 mM de MgCl2, 2,5 pl de albumina de soro bovino, 2,5pl de uma preparação de trifosfato de desoxinucleósido (contendo cada trifosfato de desoxinucleósido a uma concentração de 2 mM), 2 pl de cada iniciador, 0,25pl de *Taq* polimerase (5 U/pl), 33,75pl de água Milli-Q estéril e 1pl de uma solução de ADN diluída 10 vezes. Foi utilizado o seguinte programa de PCR: desnaturação inicial a 94°C durante 5 min; 30 ciclos de desnaturação a 94°C durante 20 s, recozimento a 55°C durante 45 s e extensão a 72°C durante 1 min; e extensão final a 72°C durante 7 min, seguida de arrefecimento a 4°C. A PCR foi verificada misturando 8pl do produto da PCR com 2pl de corante de carga e eletroforese num gel de agarose a 2% (wt/vol) durante 30 min a 100 V ladeado pela régua molecular EZ Load 100-bp (Bio-Rad).

2.12 Análise DGGE

Os produtos da PCR foram analisados em géis DGGE utilizando um protocolo baseado no protocolo de Muyzer e colaboradores (1993), com as seguintes modificações. Os géis de poliacrilamida (160 por 160 por 1 mm) consistiam em 8% (vol/vol) de poliacrilamida em 1pl de tampão TAE. Diluindo uma solução de poliacrilamida 100% desnaturante (contendo 7 M de ureia e 40% de formamida) com uma solução de poliacrilamida sem componentes desnaturantes, obtiveram-se soluções de poliacrilamida com as percentagens de desnaturação desejadas. Neste estudo, foram utilizados dois tipos de gradientes de desnaturação, nomeadamente um gradiente de 35 - 70% e um gradiente de 40 - 55%. Os géis de gradiente de 24 ml foram moldados utilizando um formador de gradiente (Bio-Rad) e uma bomba (Bio-Rad) regulada a uma velocidade constante de 5 ml/min. Os géis desnaturantes foram deixados a polimerizar durante 3 h, após o que foi colocado por cima um gel de empilhamento não desnaturante de 5 ml com um pente de 16 poços. Após 1 h de polimerização, as amostras de PCR foram colocadas nos poços e a eletroforese foi efectuada durante 16 h a 70 V em tampão TAE 1pl a uma temperatura constante de 60°C, utilizando o sistema Dcode (BioRad). Os géis foram corados com brometo de etídio (50pl de brometo de etídio em 500 ml de tampão TAE) durante 1 h; seguiu-se a visualização dos perfis das bandas DGGE sob luz UV.

2.13 Mistura de WPC, Imunoglobulina G extraída e Probióticos

O concentrado de soro de leite em pó, a imunoglobulina G extraída do soro de leite colostral e as culturas liofilizadas de probióticos *(streptococcus thermophilus, Lactobacillus casei, Lactobacillus acidophilus* e *Bifidobacterium lactis)* foram misturados em condições de esterilização à temperatura ambiente.

Capítulo 3

RESULTADOS E DISCUSSÃO

A Tabela 3.1 mostra a composição e algumas propriedades da proteína do soro de leite colostral; a maior parte da proteína do soro de leite era IgG, representando 53,1%. Embora a /3- lactoglobulina seja a proteína mais abundante do soro de leite normal de vaca, só é encontrada em 30,9% da proteína total do soro de leite colostral. Outras proteínas, incluindo a lactoferrina, a albumina de soro bovino e a a-lactoalbumina, também se encontram em vestígios.

Quadro 3.1: Composição das proteínas do colostro e do soro de leite normal

Composição	Peso molecular	Colostro		Leite normal	
		(mg/ml)	%	(mg/ml)	%
IgG	150,000	10.3	53.1	0.7	13.0
Lactoferrina	80,000	1.0	5.1	N*	N*
BSA	68,000	1.0	5.2	0.4	5.6
P-Lactoglobulina	18,300	6.0	30.9	3.2	58.2
a- Lactalbumina	14,500	1.1	5.7	1.1	19.9

Negligenciável
Os valores dos pesos moleculares da IgG e da lactoferrina provêm de McArthur et al. (2000) e os valores da BSA, da fi-Lactoglobulina e da a-lactoalbumina provêm de Wong et al. (1983).

A investigação foi efectuada com uma variedade de soluções de proteínas padrão a uma concentração fixa de AOT de 50 mM. Numa fase micelar reversa, a concentração de tensioativo tem pouco efeito sobre o tamanho e a estrutura das micelas reversas (Dekker et al. 1989) e não existe qualquer relação entre o comportamento de partição de várias proteínas entre duas fases e a concentração de tensioativo (Fletcher e Parrott 1988). No entanto, a proporção da concentração de tensioativo na fase micelar invertida e a absorção de proteínas da fase aquosa estão em relação direta. Uma maior concentração de tensioativo no sistema induz a formação de emulsões e, em última análise, a destruição do sistema de duas fases. A principal razão subjacente à fixação da concentração de tensioativo (AOT) em 50 *mM foi* o facto de o desempenho da separação ser afetado pela concentração de proteínas na fase aquosa.

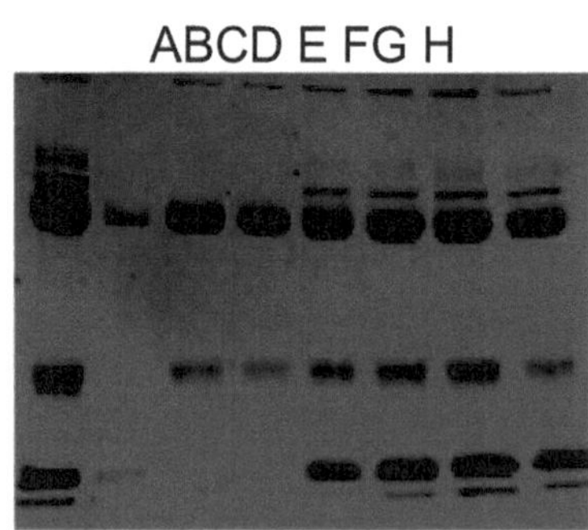

Figura 3.1: Um perfil SDS-PAGE típico das proteínas do soro de leite colostral

Pista A, soro de colostro bovino; pista B, fase aquosa após extração (pH 6,0); pistas

O perfil SDS-PAGE (Figura 3.1) do soro de leite colostral
bovino e as fases aquosas após a extração do soro de leite
por micelas reversas utilizando uma concentração de 4 mg/ml
de proteína de soro de leite, um tensioativo aniónico bis(2-etil-
hexil) sulfosuccinato de sódio (AOT) com uma concentração
de 50 mM, uma concentração de NaCl de 50 mM e vários pH
(pH 6,0, 7,0, 9,0 e 10,0). Neste estudo, a HPLC foi utilizada
para detetar o AOT e a sua concentração foi tão baixa como
661 mg/kg , embora o LD50 do AOT seja 1900 mg/kg, o AOT
residual no aquoso pode ainda causar preocupação se a IgG
purificada for utilizada para aplicações alimentares. No
entanto, não foi possível detetar qualquer AOT na fase
aquosa. Por conseguinte, pode concluir-se que a extração
micelar invertida da IgG é segura em relação ao AOT.

Sem dúvida que é uma tarefa difícil quantificar a reação
específica antigénio-anticorpo, foi utilizado o antissoro para o
ensaio de difusão em gel duplo. Neste estudo, foi testada a
fase aquosa que contém a maior parte da IgG do soro de leite
colostral, tendo sido observadas linhas de precipitação (Figura
3.2) de acordo com o princípio de que tanto o antigénio como
o anticorpo se movem através de um meio inerte e formam um
precipitado.

O antigénio e o anticorpo movem-se através de um meio inerte e formam uma linha de precipitina. Estes resultados verificaram que a IgG purificada por extração micelar invertida era capaz de produzir linhas de precipitina e ainda tinha potencial imunológico.

(a)   (b)   (c)

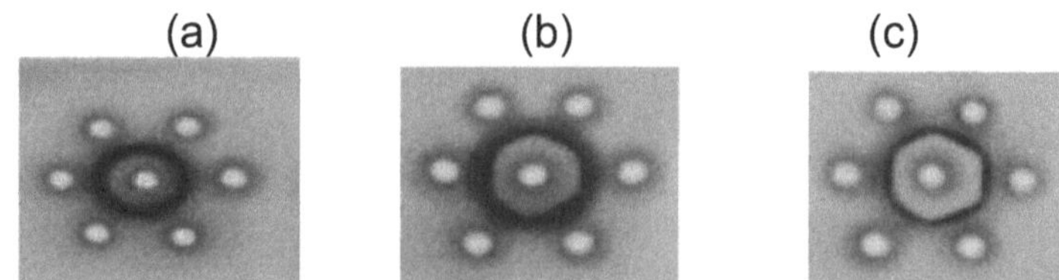

Figura 3.2: Imunoprecipitação de IgG utilizando o ensaio de difusão em gel duplo

a) Fase aquosa sem diluição; b) Fase aquosa com diluição de 2 vezes; c) Fase aquosa com diluição de 3 vezes.

O poço central foi preenchido com soro IgG anti-bovino e os poços periféricos com fase aquosa extraída (pH 6,0), concentração de NaCl de 100 *mM* e concentração de 50 mM de surfactante aniónico bis(2-etil-hexil) sulfosuccinato de sódio (AOT).

As composições químicas médias do soro de queijo são mostradas na Tabela 3.2, que foram 7,70, 0,81 e 4,92 % para TS, TP e lactose, respetivamente. Enquanto as composições químicas médias do WPC foram 16,17, 8,53 e 4,76 % para TS, TP e lactose, respetivamente. Os resultados indicam que o teor total de proteínas no WPC foi superior ao do soro de leite; em contrapartida, o teor de lactose foi o mais baixo.

Quadro 3.2: Composição química do soro de leite e do concentrado de soro de leite em pó

Componentes %	Soro de queijo	Concentrado de soro de leite em pó
Sólidos totais (TS)	7.70	16.17
Proteína total (TP)	0.81	8.53
Lactose	4.92	4.76
Gordura	0.20	0.10
Cinzas	0.87	2.85

A Comissão Europeia para a Alimentação Humana recomendou que as fórmulas para lactentes com microrganismos que contenham culturas de probióticos só devem ser fornecidas no mercado se os seus benefícios e segurança tiverem sido avaliados. Devem ser utilizadas culturas bacterianas com identidade completa e estabilidade genética avaliadas por métodos culturais e moleculares e a sua identificação deve estar disponível para as autoridades de controlo e segurança alimentar. O teor de bactérias viáveis deve ser de 10^6 a 10^8 unidades formadoras de colónias (UFC) por grama durante todo o prazo de validade da fórmula.

Existem centenas de mecanismos propostos para explicar como *os lactobacilos* reduzem a duração da diarreia por rotavírus, mas nenhum foi provado devido a grandes falhas nas teorias. O primeiro é o bloqueio competitivo dos sítios receptores (Bernet et al. 1994), em que os lactobacilos se ligam aos receptores, impedindo assim a adesão e a invasão do vírus. Esta teoria poderia ser plausível, desde que houvesse provas da competição específica entre receptores. Na maioria dos casos, na altura em que um probiótico é ingerido, o doente já terá tido diarreia durante, possivelmente, 12 h. Nesta altura, o vírus já infectou enterócitos maduros na região média e superior das vilosidades do intestino delgado. O vírus e/ou a sua enterotoxina, a NSP4, terão então inibido o transporte de fluidos e de electrólitos, diminuindo assim a absorção de fluidos e de glicose. A toxina poderia então ter potencialmente ativado os reflexos secretores, causando a perda de fluidos dos epitélios secretores, resultando em diarreia (Lundgren et al. 2001). Na melhor das hipóteses, a subsequente exclusão competitiva dos vírus só seria eficaz para a fixação da progenitura, e não se sabe se essa inibição reduziria a diarreia. Se os lactobacilos competissem de alguma forma com a toxina ou os péptidos libertados pelas células endócrinas das vilosidades, é possível que a cascata que conduz à diarreia pudesse ser evitada. O segundo mecanismo potencial pode ser o facto de a resposta imunitária ser reforçada pelos lactobacilos, conduzindo ao efeito clínico observado (Kaila et al. 1992).

Os resultados do isolamento e da identificação de estirpes probióticas dos produtos testados são apresentados no Quadro 3.3. O isolamento foi efectuado com quatro meios de isolamento selectivos, seguido de uma identificação baseada na separação SDS-PAGE de extractos de proteínas de células inteiras e na comparação dos padrões específicos da espécie com uma biblioteca de identificação baseada em laboratório, tal como descrito por Temmerman e Coworkers (2003). As contagens de colónias nos meios utilizados foram substancialmente inferiores no caso do produto liofilizado; os rendimentos situaram-se entre 10^5 e 10^7 UFC/g de produto, enquanto os rendimentos dos produtos lácteos se situaram entre 10^7 e 10^9 UFC/ml.

Quadro 3.3: Visão geral das estirpes de probióticos

Sr. Não.	Nome da marca	Análise dependente da cultura (SDS-PAGE)	Análise dependente da cultura (PCR-DGGE)
1	*Nestlé Nido*	*Lactococcus lactis*	*Lactococcus lactis Lactobacillus delbrueckii* subsp. *bulgaricus*
2	*Iogurte Nestlé*	*Bifidobacterium lactis Streptococcus thermophilus Lactobacillus delbrueckii* subsp. *Bulgaricus* *Lactococcus lactis Bifidobacterium lactis,*	*Bifidobacterium lactis Streptococcus thermophilus Lactobacillus delbrueckii* subsp. *Bulgaricus Lactococcus lactis Bifidobacterium lactis,*
3	*Iogurte Haleeb*	*Lactobacillus acidophilus, Lactobacillus rhamnosus, Streptococcus thermophilus*	*Lactobacillus acidophilus, Lactobacillus rhamnosus, Streptococcus thermophilus*
4	*Haleeb Iogurte aromatizado*	*Lactobacillus casei*	*Lactobacillus casei*
5	*Queijo de chade Haleeb*	*Lactobacillus plantarum*	*Lactobacillus plantarum*
6	*Haleeb labban*	*Lactococcus lactis, Enterococcus faecium,*	*Lactococcus lactis, Enterococcus faecium, Lactobacillus acidophilus, Bifidobacterium lactis*
7	*Leite energético Haleeb Xtra*	*Lactobacillus helveticus*	*Lactobacillus helveticus, Lactobacillus rhamnosus*

8	Produto liofilizado	Bacillus cereus	Bacillus cereus
9	Cultura liofilizada	Levedura	Lactobacillus acidophilus, Lactobacillus rhamnosus
10	Iogurte de fruta Nestlé	Lactobacillus acidophilus, Streptococcus thermophilus, Bifidobacterium lactis	Lactobacillus acidophilus, Streptococcus thermophilus, Bifidobacterium lactis

Para os métodos independentes da cultura, o ADN bacteriano total é extraído diretamente do produto. Para o efeito, utilizou-se lisozima e uma série de passos de centrifugação segundo o protocolo original descrito por Pitcher e Coworkers (1989). Para amplificar a região V3 do 16S rDNA de todas as amostras, foi utilizado o protocolo PCR. Neste estudo, verificou-se que a adição de 2 pl de ADN à mistura de PCR, em vez de 1 pl, aumenta a intensidade de algumas bandas nos géis de DGGE, o que ajuda a identificar a região V3 do rDNA 16S.

interpretação visual das bandas. A Fig. 3.4 mostra um gel no qual foram carregados os amplicões de ADN de todos os 10 produtos.

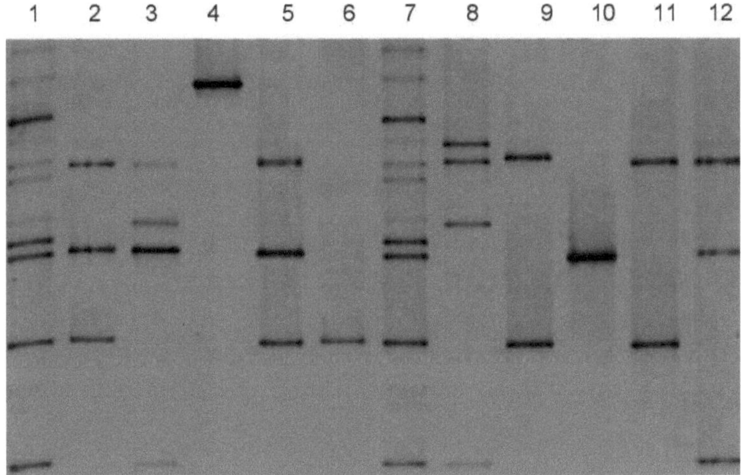

Figura 3.4: Gel DGGE desnaturante a 35 - 70%

A figura 3.4 mostra os amplicões V3 de 10 produtos probióticos. Pistas 1 e 7, padrão de referência; pista 2, Nestle nido; pista 3, iogurte Nestlé; pista 4, leite Xtra energy; pista 5, iogurte Haleeb; pista 6, iogurte aromatizado Haleeb; pista 8, Haleeb Labban; pista 9, queijo de bexiga Haleeb; pista 10, produto liofilizado; pista 11, cultura liofilizada; pista 12, iogurte de fruta Nestlé.

A identificação da estirpe foi efectuada com um padrão de referência normalizado após a normalização do gel, e as posições das bandas foram comparadas com as estirpes-tipo identificadas presentes na base de dados BN. Estas identidades foram verificadas por gel DGGE. Verificou-se que algumas espécies relacionadas formaram um amplicon que não foi separado por gel de gradiente desnaturante de 35-

70%. Por conseguinte, foi planeado o estreitamento dos géis DGGE para um gradiente desnaturante de 40-55%, o que permitiu obter uma maior resolução das bandas. Como se mostra na Fig. 3.3, os amplicons de *Lactobacillus delbrueckii* subsp. *bulgaricus* e *Lactobacillus acidophilus* podem ser misturados em gel com gradiente de desnaturação de 35-70%.

(Fig. 3.5), mas podem ser claramente distintas quando se utiliza um gradiente de desnaturação de 40-55% (Fig. 3.6).

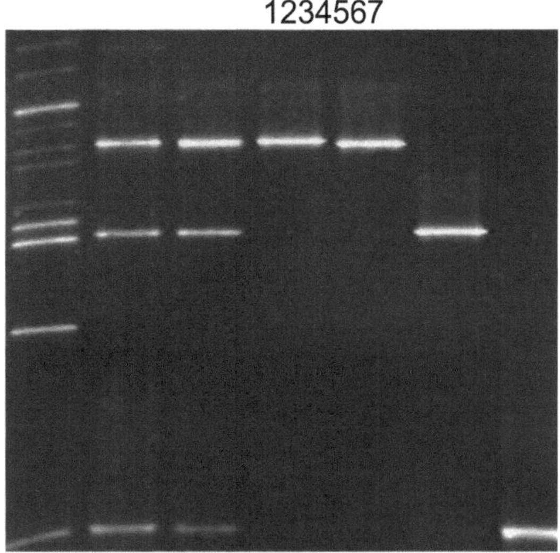

Figura 3.5. Gel de gradiente desnaturante 35- 70%

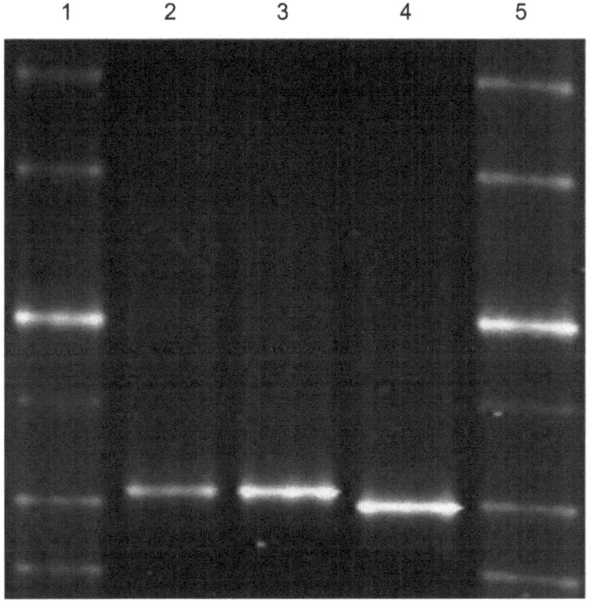

Figura 3.6: Gel com gradiente de desnaturação 35- 70%

A figura 3.5 mostra a análise do iogurte de frutos Nestlé. Pistas 1 e 8, padrão de referência; pista 2, iogurte de frutos Nestlé; pista 3, suspensão de células simulando iogurte de frutos Nestlé; pista 4, *Lactobacillus acidophilus; pista 5, Lactobacillus delbrueckii* subsp. *bulgaricus;* pista 6, *Streptococcus thermophilus;* pista 7, *Bifidobacterium lactis.* A diferença nas posições das bandas de *L. acidophilus* e *L. delbrueckii subsp. bulgaricus* não é pronunciada neste gel de gradiente desnaturante de 35 - 70%. (Figura 3.6) Gel de DGGE com desnaturação de 40 - 55%, enfatizando a diferença nas posições das bandas de *L. acidophilus* e *L. delbrueckii subsp. bulgaricus.* Pistas 1 e 5, padrão de referência; pista 2, iogurte de fruta Nestlé; pista 3, *L. acidophilus*; pista 4, *L. delbrueckii* subsp.

Os resultados da análise DGGE independente da cultura dos 10 produtos probióticos, comparados com os resultados da análise dependente da cultura, são apresentados no Quadro 3. Neste estudo, foram encontrados dois cenários diferentes. A análise DGGE de cinco produtos (iogurte Nestlé, iogurte aromatizado Haleeb, iogurte Haleeb, produto liofilizado e iogurte de fruta Nestlé) detectou as mesmas espécies que foram detectadas com procedimentos convencionais de isolamento dependentes da cultura. Relativamente aos restantes cinco produtos (Nestle nido, leite energético Haleeb Xtra, Haleeb Labban, queijo de chadder Haleeb e cultura liofilizada), a análise DGGE conseguiu detetar mais espécies.

Neste estudo, o método DGGE também foi utilizado para detetar o limite de deteção, preparando diluições em série de 10 vezes de uma cultura pura de *Lactobacillus rhamnosus* em PPS. Depois de 100 pl de cada diluição terem sido colocados em MRSA e incubados durante 48 h a 37°C, o ADN foi extraído e foi efectuada uma análise PCR-DGGE. Verifica-se que uma banda clara corresponde a concentrações até 10^4 CFU/ml.

Além disso, o método DGGE independente da cultura foi comparado com um procedimento dependente da cultura para a deteção e identificação das estirpes em produtos probióticos. Para o método independente da cultura, é necessária uma extração de ADN e uma análise PCR fiáveis. Até agora, a identificação de bandas DGGE não foi efectuada sem etapas adicionais, como a extração do gel e a sequenciação (Ercolini et al. 2001). Utilizando apenas um padrão de referência incluído em cada gel e o software BN, foi possível criar uma base de dados com todas as posições das bandas para estirpes-tipo representativas de espécies probióticas. A normalização digital dos géis, comparando os padrões de referência com o padrão da base de dados, permitiu identificar cada banda num padrão de banda de um produto probiótico. Esta identificação com base na DGGE pode ser confirmada através da análise do perfil proteico. Além disso, a variedade de isolados probióticos pertencentes a uma espécie produziu bandas mistas com posições quase iguais, o que indica que os padrões de bandas se baseiam em tipos de espécies. No entanto, no caso de algumas espécies filogeneticamente muito próximas, as diferenças nas posições das bandas entre duas espécies podem, por vezes, ser demasiado pequenas num gel desnaturante a 35 - 70% para se obter uma identificação clara (Schleifer et al., 1995).

Este problema poderia ser resolvido diminuindo o gradiente de desnaturação, o que aumentaria as diferenças nas posições das bandas. Em alternativa, a variedade de outros iniciadores poderia resultar em bandas sobrepostas mais resolvidas nos géis DGGE. No entanto, é necessário criar uma nova base de dados após cada alteração do gradiente, do conjunto de iniciadores ou das condições de eletroforese. Isto implica que a análise DGGE pode ser utilizada com êxito como um método de identificação direta, especialmente para produtos probióticos. Devido à crescente complexidade da ecologia dos micróbios, é atualmente essencial alterar parâmetros que consomem muito tempo. Assim, Ercolini e colaboradores (2001) estudaram o potencial analítico da DGGE para identificar as culturas de soro de leite para a produção de queijo, mas descobriram que a sequenciação das bandas é a parte básica do perfil DGGE. Em contrapartida, os produtos probióticos não apresentam um elevado nível de diversidade taxonómica e são desenvolvidos a partir de fermentações bem controladas.

No presente estudo, nenhuma das espécies probióticas resultou na formação de posições de banda idênticas no gel. Mas Temmerman et al. (2003) mostraram que apenas 2 de 55 produtos probióticos continham esta espécie. Apenas *o Lactobacillus reuteri* tem a propriedade de formar bandas múltiplas num gel de DGGE. Mas no nosso estudo esta espécie não foi isolada de nenhum produto. Uma das principais desvantagens da abordagem DGGE é o facto de não se poderem calcular dados relativos ao nível de viabilidade bacteriana. Para este efeito, a análise dependente da cultura pode ainda ser útil. Além disso, 104 CFU/ml é o limite de deteção encontrado neste estudo, o que pode resultar no fracasso total da deteção de espécies de baixo nível. Assim, é de perguntar se as espécies a um nível tão baixo podem causar um efeito probiótico significativo. Pode prever-se que a combinação da PCR em tempo real com o método

DGGE pode resultar numa ferramenta analítica muito poderosa para a análise qualitativa e quantitativa de todos os tipos de produtos fermentados.

O concentrado de soro de leite em pó, a imunoglobulina G extraída do soro de leite colostral e as culturas liofilizadas isoladas de probióticos *(Bifidobacterium lactis, Streptococcus thermophilus, Lactobacillus delbrueckii* subsp. *Bulgaricus, Lactococcus lactis, Lactobacillus helveticus* e *Lactobacillus rhamnosus)* foram misturados em condições de esterilização à temperatura ambiente, após a mistura o produto é armazenado a 4°C. O produto final embalado foi armazenado a 4-10°C.

Infelizmente, existem poucas informações publicadas sobre a segurança e os efeitos clínicos dos alimentos ou suplementos para lactentes ou de seguimento, especialmente utilizados para fins médicos, que contenham culturas probióticas. Não existem provas publicadas de quaisquer benefícios clínicos a longo prazo das fórmulas para bebés contendo probióticos. Além disso, não existe informação sobre os efeitos a longo prazo na colonização gastrointestinal e os seus potenciais efeitos no sistema imunitário. Esta informação é altamente desejável. No entanto, alguns dados sugerem que a colonização permanente ocorre quando as bactérias são ingeridas na primeira infância do que quando são ingeridas mais tarde. A concentração de bactérias viáveis num produto deve seguir a dose segura e eficaz no que diz respeito aos resultados dos ensaios clínicos. A necessidade de uma avaliação mais aprofundada da segurança e da eficácia é urgente para a segurança da saúde dos bebés. Cada estirpe deve ser avaliada em termos de doses eficazes mínimas e óptimas. Toda a discussão destaca as questões de segurança relativas aos possíveis efeitos a curto e longo prazo na colonização gastrointestinal, efeitos na imunidade geral, infecções e a exclusão da transferência de resistência aos antibióticos.

REFERÊNCIAS

Allen, S.J., Okoko, B., Martinez, E., Gregorio, G., Dans, L.F. (2004) Probiotics for treating infectious diarrhoea. *Cochrane Database Syst Rev.* **2,** CD003048.

Antonio, J., Sanders, M.S., Van Gammeren, D. (2001) The effects of bovine colostrum supplementation on body composition and exercise performance in active men and women. *Nutrition.* **17,** pp. 243-247.

AOAC. (1990) Association of Official Analytical chemists. Official Methods of Analysis. 15th Ed. Benjamin Franklin station, Washington DC, EUA.

AOAC. (1984) Official Methods of Analysis of the Association of Official Analytical Chemists. 14ª ed., Washington DC, EUA. Washington DC, EUA.

Barnett, A..J. and Abd El-Tawab, G. (1957) Rapid method for determination of lactose in milk and cheese. J. Sci. Food agric., **7**, pp. 437

Bernet. M. F., D. Brassart, J. R. Neeser, e Servin, A.

L.(1994) *Lactobacillus acidophilus* LA 1 liga-se a linhas de células intestinais humanas em cultura e inibe a fixação e invasão celular por bactérias enterovirulentas. Gut **35**, pp. 483-489.

Bibiloni, R., Fedorak, R.N., Tannock, G.W., Madsen, K.L., Gionchetti, P., Campieri, M., De Simone, C., Sartor, R.B. (2005) Probiotic-Mixture Induces Remission in Patients with Active Ulcerative Colitis. *Am J Gastroenterol.* **100**, pp. 1539-1546.

Boesman-Finkelstein M & Finkelstein RA (1991) Bovine lactogenic immunity against pediatric enteropathogens. In Immunology of Milk and the Neonate, pp. 361-367

Bogstedt, A.K., Johansen, K., Hatta, H., Kim, M., Casswall, T., Swensson, L. e Hammarstrom, L. (1996) Passive immunity against diarrhoea. Ata Paediatrica. **85**, pp. 125-128.

Boshuizen, J.A., Reimerink, J.H., Korteland-van Male, A.M., van Ham, V.J., Koopmans, M.P., Buller, H.A., Dekker, J., Einerhand, A.W. (2003) Changes in small intestinal homeostasis, morphology, and gene expression during rotavirus infection of infant mice. *J Virol.* **77**, pp.13005-13016.

Brinkworth, G.D., Buckley, J.D. (2003) Concentrated bovine colostrum protein supplementation reduces the incidence of self-reported symptoms of upper respiratory tract infection in adult males. *Eur J Nutr.* **42**, pp. 228-232.

Buckley, J.D., Abbott, M.J., e Brinkworth, G.D. (2002) Bovine colostrum supplementation during endurance running training improves recovery, but not performance. *J Sci Med Sport.* **5**, pp. 65-79.

Campbell, B. e Petersen, W.E. (1963) Immune milk and a historical survey. Dairy Science Abstracts. **25**, pp. 345-358.

Casswall, T.H., Sarke,r S.A., Albert, M.J., (1998) Treatment of *Helicobacter pylori* infection in infants in rural Bangladesh with oral immunoglobulins from hyperimmune bovine colostrum. *Aliment Pharmacol Ther.* **2**, pp. 563-568.

Casswall, T.H., Sarker, S.A., Faruque, S.M. (2000) Tratamento da diarreia induzida por *Escherichia coli* enterotoxigénica e enteropatogénica em crianças com leite concentrado de imunoglobulina bovina de vacas hiperimunizadas: um ensaio clínico em dupla ocultação, controlado por placebo. *Scand J Gastroenterol.* **35**, pp. 711-718.

Davidson, G.P. (1996) Passive protection against diarrhoeal disease. Journal of Pediatric Gastroenterology and Nutrition. **23**, pp. 207-212.

Dekker, M. Van't Riet, K.,. Bijsterbosch, B. H., Wolbert, R. B. G. e Hilhorst, R. (1989) Modelação e otimização da extração micelar inversa da a-amilase. AIChE J. **35**, pp.321-324.

Ebina, T., Ohta, M., Kanamaru, Y. (1992) Imunização passiva de ratinhos lactentes e bebés com colostro bovino contendo anticorpos contra o rotavírus humano. *J Med Virol.* **38**, pp. 117-123.

Eckles,.C.K.(1951) Milk and Milk products. Mcgraw-Hill, pp. 58.

Ekstrand, B. (1989) Factores antimicrobianos no leite. A review. Food Biotechnol. **3**, pp.105.

Ercolini, D., Moschetti, G. Blaiotta, G. e Coppola, S. (2001). O potencial de uma abordagem polifásica de PCR-DGGE na avaliação da diversidade microbiana de culturas de soro de leite natural para a produção de queijo mozzarella de búfala: viés de análises dependentes e independentes da cultura. Syst. Appl. Microbiol. **24**, pp. 610-617.

Facon, M., Skura, B.J. e Nakai, S. (1993) Potential immunological supplementation of foods. Food and Agricultural Immunology.**5**, pp. 85-91.

Fletcher, P. D. I., e Parrot, D. (1988) A partição de proteínas entre microemulsões de água em óleo e fase aquosa conjugada. J. Chem. Soc. Faraday. 84(4), pp. 1131-1144.

Freedman, D.J., Tacket, C.O., Delehanty, A. (1998) A imunoglobulina do leite com atividade específica contra antigénios purificados do fator de colonização pode proteger contra o desafio oral com *Escherichia coli* enterotoxigénica.*J Infect Dis.* **177**, pp. 662-667.

Ganzle, M.G., Holtzel ,A., Walter, J., Jung, G., Hammes, W.P. (2000) Characterization of Reutericyclin produced by *Lactobacillus reuteri* LTH2584. *Appl Environ Microbiol.* 66(10), pp. 4325-4333.

Goldman, A. (1989) Immunologic supplementation of cow's milk formulations (Suplementação imunológica de formulações de leite de vaca). Boletim da IDF. **244**,pp. 38-42.

Greenberg, P.D., Cello, J.P. (1996) Treatment of severe diarrhea caused by *Cryptosporidium parvum* with oral bovine immunoglobulin concentrate in patients with AIDS. *J Acquir Immune Defic Syndr Hum Retrovirol.* **13**, pp. 348-354.

Hammarstrom, L., Gardulf, A., Hammarstrom, V., Janson, A., Lindberg, K. e Smith, C.I. (1994) Systemic and topical immunoglobulin treatment in immunocompromised patients.Immunological Reviews. **139**, pp. 43-70.

Harper, W.J. (1976) Dairy Technology and Engineering, AVI Publishers. pp.49-73

Hilpert, H., Brussow, H., Mietens, C., Sidoti, J., Lerner, L.,

Werchau, H. (1987) Use of bovine milk concentrate containing antibody to rotavirus to treat rotavirus gastroenteritis in infants. *J Infect Dis.* 156(1), pp. 158-66.

Hofman, Z., Smeets, R., Verlaan, G. (2002) The effect of bovine colostrum supplementation on exercise performance in elite field hockey players. *Int J Sport Nutr Exerc Metab.* **12**, pp. 461-469.

IDF (boletim da federação internacional do leite). (1991) significance of the indigenous antimicrobial agents of milk to the dairy industry. IDF, **264**, pp. 219

Isolauri, E., Kaila, M., Mykkanen, H., Ling, W.H., Salminen, S. (1994) Oral bacteriotherapy for viral gastroenteritis. *Dig Dis Sci. 39,* pp. 2595-2600.

Jenness, R. (1988) Composition of milk, fundamentals of chemistry. 3rd edition, Noble, N.P (Ed), Van Nostrand reinhold Co., new york, pp. 1-38

Johnson, W. e Alford, N. Fundamentals of Dairy chemistry.

(1974) CBS Publishers. pp.14-17.

Kaila, M., Isolauri, E., Saxelin, M., Arvilommi, H., Vesikari, T. (1995) Viable versus inactivated lactobacillus strain GG in acute rotavirus diarrhea. *Arch Dis Child.* 72(1), pp. 51-53.

Kaila, M., Isolauri, E., Soppi, E., Virtanen, E., Laine, S. e Arvilommi, H. (1992) Enhancement of the circulating antibody secreting cell response in human diarrhea by a human *Lactobacillus* strain. Pediatr. Res. **32**, pp. 141144.

Khan, Z., Macdonald, C., Wicks, A.C. (2002) Use of the 'nutriceutical', bovine colostrum, for the treatment of distal colitis: results from an initial study. *Aliment Pharmacol Ther.* **16**, pp. 1917-1922.

Korhonen, H. (1998) Colostrum immunoglobulins and the

complement system & potential ingredients of functional foods. Um artigo de revisão. Boletim da IDF. **336**, pp. 36-40.

Laemmli, U. K. (1970) Clivagem de proteínas estruturais durante a montagem da cabeça do bacteriófago T4. Nature. **227**,pp. 680-685.

Lamm, M.E., Weisz-Carrington, P., Roux, M.E., McWilliams, M. e Phillips- Quagliata, J.M. (1978) Development of the IgA system in the mammary gland. Advances in Experimental Medicine and Biology. **107**, pp. 35-42.

Lascelles, A.K. (1963) A review of the literature on some aspects of immune milk. Dairy Science Abstracts. **25**, pp. 359-364.

Lindbaek, M., Thom. E., Fuglerud, P. (2004) As pastilhas de colostro têm um efeito sintomático nas infecções da garganta? *Tidsskr Nor Laegeforen.* **124**, pp. 3187-3190.

Ling, E.R. (1963) A text book of dairy Chemistry. Vol.II. 3rd Edn., Chapman and Hall, Ltd, Londres. pp. 234-236.

Ljungh, A., Wadstrom, T. (2009) *Lactobacillus Molecular Biology: From Genomics to Probiotics.* Caister Academic Press. pp. 453-459.

Lundgren, O., e Svensson, L. (2001) Pathogenesis of rotavirus diarrhea. Microbes Infect. **3**, pp. 1145-1156.

Macdonald, C.E., Calnan, D.P., Podas, T. (1998) Clinical trial of colostrum for protection against NSAID induced enteropathy. *Gastroenterology.* **114**, pp. 856.

Marshall, K. (2004) Therapeutic applications of whey proteins. Altern. Med. Rev. **9**, pp. 136-156.

McArthur, S. L., McLean, K. M., Kingshott, P., St. John, H. A. W., Chatelier, R. C. e Griesser, H. J. (2000) Effect of polysaccharide structure on protein adsorption. Colloids Surfaces B: Biointerfaces. **17**, pp. 37-48.

Mitra, A.K., Mahalanabis, D., Ashraf, H.(1995) Hyperimmune cow colostrum reduces diarrhoea due to rotavirus: a double-blind, controlled clinical trial. *Ata Paediatr.* **84**, pp. 996-1001.

Muyzer, G., de Waal, E. C., e Uitterlinden, A. G. (1993) Profiling of complex microbial populations by denaturing gradient gel electrophoresis analysis of polymerase chain reaction-amplified genes coding for 16S rRNA. Appl. Environ. Microbiol. **59, pp.** 695-700.

Nichols, N. e Andrew, W. (2007). <u>Probióticos e desempenho atlético: Uma revisão sistemática</u>. *Relatórios actuais de medicina desportiva* (Current Medicine Group LLC). 6 (4), pp. 269-273.

Okhuysen, P.C., Chappell, C.L., Crabb, J. (1998) Prophylactic effect of bovine anti- *Cryptosporidium* hyperimmune colostrum immunoglobulin in healthy volunteers challenged with *Cryptosporidium parvum. Clin Infect Dis.* **26**, pp. 1324-1329.

Okhuysen, P.C., Chappell, C.L., Crabb, J. (1998) Prophylactic effect of bovine anti- *Cryptosporidium* hyperimmune colostrum immunoglobulin in healthy volunteers challenged with *Cryptosporidium parvum. Clin Infect Dis.* **26**, pp. 1324-1329.

Pitcher, D. G., Saunders, N. A., e Owen, R. J. (1989) Rapid extraction ofbacterial genomic DNA with guanidium thiocyanate. Lett. Appl. Microbiol.**8**, pp. 151-156.

Playford, R.J., Floyd, D.N., Macdonald, C.E. (1999) Bovine colostrum is a health food supplement which prevents NSAID induced gut damage. *Gut.* **44**, pp. 653-658.

Playford, R.J., Macdonald, C.E., Johnson, W.S. (2000) Colostrum and milk-derived peptide growth factors for the treatment of gastrointestinal disorders. *Am J Clin Nutr.* **72**, pp. 5-14.

Plettenberg, A., Stoehr, A., Stellbrink, H.J.(1993) A preparation from bovine colostrum in the treatment of HIV-positive patients with chronic diarrhea. *Clin Investig.* **71**, pp. 42-45.

Reddy, N.R., Roth, S.M., Eigel, W.N. e Pierson, M.D. (1988) Foods and food ingredients for prevention of diarrheal disease in children in developing countries. Journal of Food Protection. **51**, pp. 66-75.

Reiter, B. (1978) Review of the progress of dairy science: antimicrobial systems in milk. J. dairy Res. **45**, pp. 131.

Ruiz, J.L.P. (1994) Antibodies from milk for the prevention and treatment of diarrheal disease. Indigenous antimicrobial agents of milk & recent developments. IDF 9404(4), pp.108-121.

Saarela, M., Mogensen, G., Fonde'n, R., Matto, J., e Matilla-Sandholm, T. (2000) Probiotic bacteria: safety, functional and technological properties. J. Biotechnol. **84**, pp. 197-215.

Sanders, M.E. (2000) <u>Considerações sobre a utilização de bactérias probióticas para modular a saúde humana</u>. *J. Nutr.* **130**, pp. 384-390.

Sarker, S.A., Casswall, T.H., Mahalanabis, D., Alam, N.H., Albert, M.J., Brussow, H., Fuchs, G.J., Hammarstrom, L. (1998) Successful treatment of rotavirus diarrhea in children with immunoglobulin from immunized bovine colostrum. *Pediatr Infect Dis J.* **17**, pp. 1149-1154.

Sarker ,S.A., Casswall, T.H., Mahalanabis, D. (1998) Successful treatment of rotavirus diarrhea in children with immunoglobulin from immunized bovine colostrum. *Pediatr Infect Dis J.* **17**, pp. 1149-1154.

Schiffrin, E.J., Blum, S. (2002) Interacções entre o microbiota e a mucosa intestinal. *Eur J Clin Nutr.* 56(3), pp. 60-S64.

Schleifer, K. H., e Ludwig, W. (1995) Phylogeny of the genus *Lactobacillus* and related genera. Syst. Appl. Microbiol. **18**, pp. 461-467.

Stanton, C., Gardiner, G., Meehan, H., Collins, K., Fitzgerald, G., Lynch, P. B., e Ross, R. P.(2001) Market potential for probiotics. Am. J. Clin. Nutr. **73**, pp. 476-483.

Stephan, W. (1991) Washington University School of Medicine, St. Louis, Missouri, Journal of Pharmachology. **28**, pp.18-201.

Svensson, L., Finlay, B.B., Bass, D., von Bonsdorff, C.H., Greenberg, H.B. (1991) Symmetric infection of rotavirus on polarized human intestinal epithelial (Caco-2) cells. *J Virol.* **65**, pp. 4190-4197.

Tacket, C.O., Binion, S.B., Bostwick, E. (1992) Efficacy of bovine milk immunoglobulin concentrate in preventing illness after *Shigella flexneri* challenge. *Am J Trop Med Hyg.* **47**, pp. 276-283.
Tacket, C.O., Losonsky, G., Link, H. (1988) Protection by milk immunoglobulin concentrate against oral challenge with enterotoxigenic *Escherichia coli. N Engl J Med.* **318**, pp. 1240-1243.

Tannock, G. (2005) *Probiotics and Prebiotics: Aspectos Científicos,* Caister Academic Press, Ist Ed. Pp. 239

Tawfeek, H.I., Najim, N.H., Al-Mashikhi, S.(2003) Eficácia de uma fórmula para bebés que contém anticorpos colostrais *anti-Escherichia coli* de vacas hiperimunizadas na prevenção da diarreia em bebés e crianças: um ensaio de campo. *Int J Infect Dis.* **7**, pp. 120-125.

Temmerman, R., Pot, B., Huys, G. e Swings, J. (2003) Identificação e suscetibilidade a antibióticos de isolados bacterianos de produtos probióticos. Int. J. Food Microbiol. **81**, pp. 1-10.

Weiner, C., Pan, Q., Hurtig, M., Boren, T., Bostwick, E., e Hammarstrom, L. (1999) Passive immunity against human pathogens using bovine antibodies. Clinical and Experimental Immunology. **116**, pp. 193-205.

Wong, N. P., Jenness, R., Keeney, M., e Marth, E. H. (1983) Fundamentals of dairy chemistry. Van Nostrand Reinhold, Nova Iorque. 3ª Ed., pp. 142.

Ylitalo, S., Uhari, M., Rasi, S. (1998) Rotaviral antibodies in the treatment of acute rotaviral gastroenteritis. *Ata Paediatr.* **87**, pp. 264-267.

Zimmerman, C.M., Bresee, J.S., Parashar, U.D., Riggs, T.L., Holman, R.C., Glass, R.I. (2001) Cost of diarrhea-associated hospitalizations and outpatient visits in an insured population of young children in the United States. *Pediatr Infect Dis J* . **20**, pp. 14-19.

More
Books!

info@omniscriptum.com
www.omniscriptum.com
OMNIScriptum

Printed by Books on Demand GmbH, Norderstedt / Germany